少年宝藏团—著绘

不可思议的大国重器

超能英雄

中信出版集团 | 北京

图书在版编目（CIP）数据

不可思议的大国重器．超能英雄 / 少年宝藏团著绘
．-- 北京 ：中信出版社，2022.9（2025.2 重印）
ISBN 978-7-5217-4588-7

Ⅰ．①不… Ⅱ．①少… Ⅲ．①科技成果—中国—少儿读物 Ⅳ．① N12-49

中国版本图书馆 CIP 数据核字（2022）第 144619 号

不可思议的大国重器：超能英雄

著 绘 者：少年宝藏团
出版发行：中信出版集团股份有限公司
（北京市朝阳区东三环北路 27 号嘉铭中心　邮编　100020）
承 印 者：北京联兴盛业印刷股份有限公司

开　　本：880mm × 1230mm　1/16　　印　　张：6.5　　字　　数：120 千字
版　　次：2022 年 9 月第 1 版　　印　　次：2025 年 2 月第 19 次印刷
书　　号：ISBN 978-7-5217-4588-7
定　　价：32.00 元

出　　品：中信儿童书店
图书策划：神奇时光
总 策 划：韩慧琴
策划编辑：刘颖　李欣一
责任编辑：韩慧琴
营销编辑：张琛　胡宇泊　孙雨露
装帧设计：姜婷　韩莹莹
排　　版：晴海国际文化

代序

把好故事讲给新时代的好少年

地球上生活过很多种古人类。当然，包括人类的祖先——智人。

长期以来，人们有个疑问：无论是体格，还是脑容量，智人都没有明显优势，为什么是这个种群笑到了最后？

以色列历史学家尤瓦尔·赫拉利，在《人类简史》中给出了一个让人着迷的观点：人类之所以能够超越其他物种建立文明，一个重要的原因，就是拥有“讲故事”的能力。从这个意义上讲，每个现代人的身上都流淌着“故事”的基因。

这里，我向同学们推荐的“不可思议的大国重器”系列，正是一套精彩的故事书，共分四册。

在第一册《不可思议的大国重器：太空勇士》里，你能看到中国空间站的巡天故事，“嫦娥姐妹”的探月故事，天问一号的火星故事。

在第二册《不可思议的大国重器：超能英雄》里，你能看到奋斗者号载人潜水器勇闯深渊的故事，中国天眼凝望太空的故事，天鲲号挖泥造岛的故事。

在第三册《不可思议的大国重器：民生科技》里，你能看到中国高铁复兴号科技创新的故事，九章量子计算机“神机妙算”的故事，蓝鲸一号钻井平台海底探宝的故事。

在第四册《不可思议的大国重器：超级工程》里，你能看到南水北调的故事、西气东输的故事、“电力天路”的故事、港珠澳大桥的建造故事……

你会发现，一个故事就是浪花一朵，浪花来自中华民族伟大复兴的澎湃大潮；一个故事就是幼苗一株，幼苗根植于伟大祖国繁荣昌盛的万里沃野。

新时代的少年，是从小就平视世界的一代人，是民族自豪感、荣誉感极强的一代人，是有幸见证、亲手实现中华民族伟大复兴的一代人。

习近平总书记对青少年寄予了殷切厚望，希望同学们“保持对知识的渴望，保持对探索的兴趣”。他寄语全国各族少年儿童，从小学习做人，从小学习立志，从小学习创造。

教育下一代、培养接班人的事业，新闻工作者一定要添一把柴，出一份力。这既是践行总书记嘱托的责任所在，也是文化人的使命担当。新闻是正在发生的历史，那么新闻故事，在教育意义上讲，正是鲜活生动的思政教材。

河南广播电视台旗下的《阳光少年报》，专门为小学生创作新闻故事。无论是社会时事还是人文科技，无论是国内大事还是国际热点……他们用一个个故事，做出了孩子们爱吃的“营养餐”，成为学校和家长信赖的“资源库”。他们善于娓娓道来，为宏大的命题找到充满童趣的切口，把时代的强音变为孩子们看得懂的文字。

本书的作者，正是《阳光少年报》的主创团队——少年宝藏团。

习近平总书记多次强调，大国重器一定要掌握在自己手里。少年宝藏团谨记总书记谆谆嘱托，潜心创作，反复打磨，才有了这套“不可思议的大国重器”。

我相信，通过这套书，孩子们能在一个个妙趣横生的故事中，一边感受现代科技的非凡魅力，了解中国在新时代取得的伟大成就，一边滋养丰富自己的想象力，在心灵深处埋下多彩梦想的种子。

从物理学角度讲，世界是由基本粒子组成的，而在少年儿童的眼里，世界是由各式各样的“为什么”组成的。

好问题是进步的阶梯，好故事是一生的营养。

2014 年 5 月 30 日，习近平总书记来到北京市海淀区民族小学，看到学生们正在书写古训警句。书法老师请总书记为“中国梦”点上最后一笔。总书记对孩子们说，中国梦要靠你们来实现，“两个一百年”要靠你们接力奋斗，还是你们来点这一笔吧。

这一笔，寄托着大国领袖对祖国未来的殷切期望。

希望少年宝藏团，也能为“这一笔”贡献一份新闻人的力量，把更多好故事讲给新时代的好少年，陪他们一起见证中华民族伟大复兴的光辉历程！

河南广播电视台 台长

王仁海

为什么要讲大国重器？

让少年了解大国重器，是“科普”与“德育”的绝佳结合。

大国重器身怀绝技，天生就是“超级偶像”，足以召唤出少年向上生长的力量。大国重器是新时代的强音，读懂它们，少年的心就与时代的脉搏同频共振。

但是，这些看似“高冷”的大家伙，如何让孩子读懂？

我们有“超能力”。因为，我们是少年宝藏团，一群专门为孩子写作的人。

我们的成员，大多曾在主流媒体担任记者、编辑 10 年以上。我们还经历了长达数年的儿童写作专业训练。我们懂孩子，更懂得用文字与孩子交朋友，让他们爱上阅读。

所以，在这套书里，大国重器一个个超好看。

我们挖空心思，把孩子们需要了解的背景、建设过程、所用科技、道理，全都糅进了有趣的故事里。这样，又大又重的大家伙，仿佛变得又轻又巧又有趣；高深莫测的高科技，孩子们读得进、好消化。

我们还创作了一套又萌又帅的卡通形象。没错，大国重器，也可以有血有肉！它们也需要学习、挑战、成长，有着自己的烦恼和悲伤。

大国重器的故事里，还藏着做人的道理。我们一个个提炼出来，变成了“心灵宝卡”，等着孩子来寻宝。

这套书，是礼物，也是祝福。愿少年的见识，广博如大海；愿少年的胸怀，开阔如星空。

少年宝藏团 总编辑

赵洪涛

打开书，进入超能英雄的世界

编写这本书时，正值夏天。

窗外，时而烈日炎炎，时而大雨倾盆。

我们，则整日沉浸在另一个世界，跟随超能英雄时而走南闯北、纵横驰骋，时而下潜到最深的海底……

别误会！这些英雄可不是孙悟空、哪吒……它们真实存在，且超能力一流。

难道像孙悟空，有火眼金睛？

没错。中国天眼，能看到 100 多亿光年之外，那可是宇宙的深处。说不定它还能找到外星人呢！

难道像哪吒闹海，本领高强？

没错。奋斗者号，能下潜到万米深海。那里黑暗、神秘，就像另一个世界。没有一身钢筋铁骨，根本无法到达那里。

真实世界的英雄也很神奇，不是吗？

本书中，我们精心挑选了一批世界一流的高端装备。它们来自祖国的军事、天文、科考、基建等领域。

超能英雄是如何诞生的？它们为什么要苦练本领？

面对挑战，它们也会紧张害怕吗？面对离别，它们也会悲伤难过吗？

打开这本书，就像打开了英雄世界的大门。

这里有大国重器的责任与担当，有祖国建设的壮丽与豪迈。

这里的超能英雄和你一样，有成长的烦恼，也有探索的艰辛。

当你看到它们的故事时，它们正在祖国的山川、海域、大漠、高原上各显神通。

超能英雄的世界，等你开启！

少年宝藏团 主笔

皇甫舒敏

少年宝藏团 主笔

張玉芹

少年宝藏团 主笔

梁爽

少年宝藏团 主笔

王伟

目录

第一章

第二章

第三章

第四章

第五章

第一章

“神兵利器”保家卫国

九州广袤，四海浩渺。

是谁在保家卫国，守护和平？

看，航空母舰驶向深蓝，劈波斩浪；

钢铁战鹰搏击长空，展露锋芒；

导弹家族，直刺苍穹，震撼登场。

它们，是保家卫国的神兵利器。

它们，是守护和平的超能英雄。

辽宁舰

大国重器小档案

姓名 中国人民解放军海军辽宁舰

特点 中国第一艘服役的航空母舰

舷号 16

体形 长 300 多米，宽 70 多米，整体约 20 层楼高

舰载机起飞方式 滑跃式起飞

入列时间 2012 年 9 月 25 日

超能力 可搭载舰载机作战

中国有了第一艘航空母舰

中国有了航空母舰

航空母舰，是一种巨大的舰船，能搭载战机及其他武器，在辽阔的海洋上具有很强的巡航、战斗能力。

不过，建造航空母舰非常难，需要很高的技术和很多的金钱。全世界只有大约 10 个国家有航空母舰。

2012 年 9 月 25 日，是个让中国人骄傲的日子。中国第一艘航空母舰，正式入列了。

它被命名为“中国人民解放军海军辽宁舰”，简称“辽宁舰”。

庞大的“海上迷宫”

作为海上的巨无霸，辽宁舰有 300 多米长，飞行甲板约有 3 个足球场那么大。飞行甲板下面，还有十几层，有 3000 多个舱室，它内部的走廊连起来长达几十千米。

有点像迷宫？没错，新战士上舰后的第一项任务，就是认路。

他们需要 1 个月的时间，学会用门牌号来“算出”自己的位置。这样，才不会迷路。

辽宁舰的肚子可大了，能装下上千人，里面有超市、邮局、健身房、垃圾处理站，甚至还有一个电视台。

你说，它像不像一座“海上迷宫”？

勤学苦练的“大学霸”

能加入海军保家卫国，辽宁舰别提多自豪了。不过，它还得练就超级本领。

听说，有的航空母舰，练了 10 年都没练好。

辽宁舰可不想让人等那么久。它是巨无霸，还要当个勤学苦练的“大学霸”。

刚入伍两个月，它就学会了让战机在甲板上顺利起降。第二年，它又去了南海。在那儿，它真枪实弹地练了起来。

辽宁舰的本领越来越强。可是，它还要去更远的海域，在那里进行远海训练。

2016 年 12 月 24 日，它率领舰队，驶向辽阔的太平洋。

在它的指挥下，战机在甲板上起起落落，舰队不断变换战斗阵型，导弹准确命中目标……

短短 4 年，辽宁舰就练就了高强的武功！大家都为它骄傲！

延伸阅读

“航母 style”

风靡全国的手势

侧屈腿，右臂前伸，食指和中指指向飞行甲板前端……这个动作，人们喜欢叫它“航母 style”。

2012 年 11 月，歼 -15 舰载机成功在辽宁舰上起降。指挥员指示飞机起飞的动作，风靡全国。

有人跟着电视模仿，有人对着汽车发号施令……办公室、停车场、卧室都成了表演“航母 style”的舞台。

为什么要打手势

指挥舰载机起飞为什么要打手势呢？不能鸣枪、吹哨，或者直接给飞行员发信息吗？

不行！舰载机在航空母舰上起降时，噪声非常大。用声音传递信息，可不是个好主意。

输入数据呢？也不好。航母甲板上的情况变化快，输入数据有可能跟不上变化。

打手势，操作简单又实用。很多国家都用它指挥舰载机起飞。

关键的“放鹰人”

起飞指令，非常关键。不仅飞行员要看手势，还有一个人也在时刻观察。

这个人叫“放鹰人”。

事实上，舰载机滑跃起飞前，已经铆足了劲儿，全靠轮子边的止动轮挡“拦着”，才能固定在甲板上。

起飞指令一下，“放鹰人”操作按钮，放下止动轮挡。嗖的一声，舰载机就像战鹰一样腾空跃起。

知识宝卡

舰载机飞行员在“刀尖上跳舞”

舰载机就是能在航空母舰上起飞和降落的飞机，它们决定着航空母舰战斗力的高低。

人们常说，舰载机飞行员是在“刀尖上跳舞”。这是因为，舰载机起飞和降落时都特别危险。

航空母舰看起来体形庞大，可在舰载机飞行员的眼中，它就像茫茫大海上的一片树叶，小小的，还随波摇晃。

舰载机的速度非常快，飞行员要找准机会，才能“冲”向航空母舰的甲板。

舰载机降落时，要放下尾钩，挂住拦阻索。拦阻索会“拉”着舰载机，在两三秒内，把它的速度从每小时 200 多千米降到零，并且不让它乱碰乱撞。

如果挂不住呢？舰载机就会立刻起飞，快速离开甲板，调整后再次降落。要不然，就可能机毁人亡。

舰载机飞行员，是在冒着生命危险完成飞行任务。

山东舰

姓名	中国人民解放军海军山东舰
特点	中国第一艘国产航空母舰
舷号	17
体形	长约 305 米，宽约 70 米
舰载机起飞方式	滑跃式起飞
入列时间	2019 年 12 月 17 日
超能力	可搭载更多舰载机作战

国产大航母诞生记

感谢哥哥辽宁舰

2013 年年底的一天，工人叔叔为山东舰切割了第一块钢板。

短短 3 年多，它就飞快地长大，顺利地下水。

这在全世界都是奇迹。但在这个时刻，除了自豪，它心里还有更多的感激之情。

它要感谢哥哥辽宁舰。辽宁舰不辞辛苦，在辽阔的大海上刻苦训练。

这么用功，辽宁舰可不仅仅是为了自己。它也在努力发现自身的不足，为山东舰的建造积累经验。

所以，山东舰天生就有哥哥的优点，同时也改进了它的不足。

山东舰能装载更先进的武器，搭载更多类型、更多数量的战机。同时，它也更加宽敞和舒适。

山东舰的进步，离不开辽宁舰的功劳。辽宁舰，辛苦啦！

没有它们，山东舰无法诞生

山东舰还要感谢“超级大船坞”。它就是大连造船厂里建造山东舰的地方。如果没有超级大的“家”，山东舰不可能诞生，长这么大个儿。

山东舰还要感谢“龙门大力士”。它们是超级起重机，模样像“大门框”，又叫“龙门吊”。山东舰的各个部位都很重。如果没有这些“大力士”帮忙，山东舰无法诞生。

山东舰还要感谢“超强特种钢”。这是中国自己研制的特殊钢材。要知道，普通钢材做的甲板，根本承受不了战机尾部烈焰的高温。如果没有这种“超强特种钢”，山东舰也无法诞生……

感谢祖国

是的，建造山东舰是一个非常复杂的大工程。它的身上，有上百个领域的尖端技术。

在它的背后，则是更多人的付出。

他们中，有已经故去的将军，有现役军人，有科学家，更有不计其数的劳动者。他们心中，都有一个让中国强大的梦想。

没有这个梦想，山东舰更是无法诞生。

千千万万句感谢的话语，无法一一道来。

所以，山东舰想把它们汇成一句话：感谢祖国！

又是激动的一天！2019年12月17日，像哥哥辽宁舰一样，我正式入列，加入海军。

我太自豪了！从这一天起，中国正式进入“双航母时代”！

山东舰，入列

正式入列

从建造的第一天开始，山东舰就盼着入列呢！

2019 年 12 月 17 日，在海南三亚，很多人来见证这一庄严的时刻。

瞧！它的身上，旗帜招展。

听！它的耳边，掌声热烈。

啊，中共中央总书记、国家主席、中央军委主席习近平来了！还有海军战士们，建造它的工程师们，都来了！

下午 4 时左右，入列仪式正式开始。

在雄壮的国歌声中，鲜艳的五星红旗冉冉升起。习近平为它颁发了命名证书。

山东舰正式加入海军了，就等着它大显身手吧！

和哥哥不一样

咦？好多人在议论山东舰，说它和哥哥长得像。

其实，它俩差别大着呢！

和哥哥辽宁舰相比，山东舰的个头更大，舰岛更“瘦”。

舰岛，是甲板上凸起的那座“小岛”。操控舰艇，下达指令，都在这里。舰岛“瘦”了，甲板就大了。山东舰机库容量更大，能搭载更多的歼 –15 等舰载机。

山东舰的“眼睛”更锐利。

雷达就像它的“眼睛”。和哥哥相比，山东舰的雷达“站”得更高，“望”得更远，也更加先进。雷达还装有雷达罩，像保护伞一样，保护它的“眼睛”少受干扰。

哥哥的雷达罩，是凸起的圆弧形。它的是平面的，散热更快，工作时间更长。

更强的战士

不过，山东舰和哥哥还有一个最大的不同。

哥哥是由苏联于乌克兰建造的航空母舰瓦良格号改装而成的，它则完完全全是中国制造的。

哥哥是科研舰、试验舰。哥哥就像一位教练员战士，为我国积累了航母编队作战的经验。

山东舰的目标，是承担保家卫国的任务。

这两年，山东舰向哥哥学习，拼命地练本领。

2021 年 4 月，山东舰和哥哥还一前一后出航训练呢！

真期待，未来它能和哥哥“双剑合璧”，组成“双航母编队”，一起保卫祖国！

我和哥哥，有同一个光荣的名字——中国人民解放军海军航母。中国海军的故事，更长、更精彩！

延伸阅读

中国海军，我为你自豪

屈辱的历史

180 多年前，中国处于清朝晚期。

西方的科技突飞猛进，把中国远远地甩在了后面。

1840 年，英国侵略者从海上而来。他们用坚船利炮，打开了中国的大门。清朝的军队，几乎没有还手之力。

唉，要是有强大的海军就好了！

中国派出了大臣，四处购买战舰，成立了北洋水师。但是，很快日本海军赶了上来。在随后的中日甲午战争中，北洋水师全军覆没。

此后，旧中国再无像样的海军。

艰难成长

1949 年 4 月 23 日，中国人民解放军海军成立了。

成立之初，中国海军的装备多是一些在战争中幸存的舰只，它们破旧不堪。

当时，海军司令去刘公岛视察，还得向渔民借船。

1958 年，中国打算自己建造核潜艇。可是，当时专家手里，只有模糊的照片和两个玩具模型。

太艰难了！一切几乎都是从零开始。

专家们激烈地讨论，设计方案……十多年过去了，中国终于有了自己的核潜艇。

接着，中国海军有了更多的导弹驱逐舰、远洋补给舰……

为你自豪

近些年中国海军更是了不起，新战舰像“下饺子”一样出现，还有了自己的航空母舰。

中国海军不仅能保家卫国，还驶向了更遥远的大洋。

中国海军护航编队常年在亚丁湾执行护航任务，成了来往商船的“保护神”。

和平方舟号医院船，曾绕行非洲大陆，帮助了数以万计的非洲人。

中国海军战舰还多次出现在异国战场。他们不是去打仗的，而是要把当地战火中的中国公民安全带回家。

知识宝卡

航空母舰有个“超级保姆”

你知道吗？航空母舰出远门，要带着“超级保姆”呢！

这样，就算远在千里之外，也不用担心燃料、食物等问题了。

2017 年 9 月 1 日，航空母舰的“超级保姆”——呼伦湖号综合补给舰上岗了。

这个“超级保姆”有什么本领？

航空母舰的“胃口”大，要“吃”很多的燃料、食物、淡水。呼伦湖号行吗？

行！呼伦湖号块头大，能装成千上万吨物资，是中国最大的综合补给舰。

航空母舰跑得快，呼伦湖号能跟上吗？

放心！呼伦湖号每小时大约能“跑”46 千米，还能一边航行一边补给，绝对不拖后腿。

出个远门看看吧。

横向补给，没问题。一前一后补给，也很棒。嚯，它还带有直升机，能从空中补给呢！真不愧是中国最快、最大、能力最强的综合补给舰。

有了呼伦湖号的陪伴，中国的航空母舰能航行得更久、更远啦！

歼-20 战机

姓名 歼-20 战机

特点 中国自主研制的新一代战机

大事件 2021 年 7 月 1 日，15 架歼 -20 战机组成 3 个编队，参加了庆祝中国共产党成立 100 周年大会的飞行表演

超能力 会隐身，速度快，战斗力强，是世界上最厉害的战斗机之一

歼-20，会隐身的战机

歼-20 战机会隐身

“来了！来了！”2016 年 11 月 1 日上午 10 点 22 分，两个银灰色的小点儿从天际快速移动过来。

近了，更近了。啊！原来，它们就是歼-20 战机。

飞机呼啸而来，进行了飞行表演。几分钟后，飞机快速消失在蓝天里。

会隐身的飞机，为啥人们还能看见它？

这里的“隐身”，并不是真的看不见，而是能躲避雷达的追踪。

战场上，雷达就像“超级侦探”，比人的眼睛灵敏千万倍。它能发出一种信号，追踪远处的飞机，以便提前防范。

歼-20 战机却有本事“吃”掉雷达的信号，让信号无法追踪自己。这样，雷达就发现不了它啦！

拥有了“隐身术”，歼-20 战机能飞到离敌人很近的地方，还不被发现。

还有一身好本领

除了隐身，歼-20 战机还有一身好本领。

它是“飞毛腿”，飞行速度非常快。最快时，一秒钟它就能飞 800 多米。

它是“武林高手”，身手敏捷，能装载多枚导弹，威力巨大。

更难得的是，如果参加战斗，它会冲在最前面，扫清障碍后，再让其他飞机通过。

它还会飞在队列的最外侧，时刻准备打退敌人的袭击，保护其他飞机不受伤害。

速度快、会隐身、威力大的歼-20 战机，像不像“空中开路神”？

让世界大吃一惊

歼 -20 战机的出现，让全世界都大吃一惊。

几十年前，美国造出了世界上第一架隐身战斗机。由于隐身战斗机非常难制造，只有极少数国家拥有。

美国觉得，中国需要很多年才能造出来。

2009 年，美国时任国防部长罗伯特 · 盖茨说，在 2020 年之前，中国不可能造出隐身战斗机。

在质疑面前，是就此认输，还是迎头追赶？

中国的科学家选择了奋起直追。他们不断地试验，不断地失败，但从来没有放弃。

就这样，经过无数次的努力，中国创造了奇迹：从首飞到装备试训部队，歼 -20 战机只用了 6 年多。与歼 -20 战机同等级的外国隐身战斗机，花的时间是十几年。

加入中国空军后，我认识了厉害的战友，见到了自己崇拜的英雄，还听到了很多可歌可泣的故事。

延伸阅读

中国空军，保家卫国的“长空利剑”

用马车拉飞机

1949 年 11 月 11 日，中国人民解放军空军成立了。

可是，军队有了，却没有飞机。

怎么办？去荒山野岭里找吧。

抗日战争结束时，日军把带不走的飞机，都运到深山里摧毁了。这些“破铜烂铁”，被一一找回，拼凑组装出几十架飞机。

那时的中国空军，实在太艰苦了。有的飞机上没有安全带，飞行员只好系根麻绳；没有足够的航空燃油，就研究如何用酒精当燃料。

飞机起飞前，为了到达跑道，战士们还要用马车把飞机拉过去。有时，他们需要把机尾绑在马车上，倒拖着走；有时，他们又要把飞机架在两辆马车上，摇摇晃晃地走。

就是这些飞机，成了中国空军的第一批教练机。靠着它们，中国空军艰难地起飞了。

造出先进军用飞机

能够飞上蓝天，这还远远不够。想比敌人更强，就要有先进的飞机。

怎么拥有先进的飞机？靠买？

没有钱不说，其他国家也不会把先进的飞机卖给我们。

那就只能自己造了。

一架战斗机，大约有 25 万个零件。想要造出飞机，必须把这些零件研究透彻。工程师们成百上千次地拆装、修理、研究仅有的几款战斗机。

他们经历了无数次的失败，终于在 1956 年，造出了中国第一架战斗机！

接着第二架，第三架……中国的战斗机越来越多，越来越棒！

成为“长空利剑”

2019 年 10 月 1 日，庆祝中华人民共和国成立 70 周年阅兵式隆重举行。中国战斗机集体亮相，飞越天安门广场，献上了独特的祝福。

其中，歼 -20 战机擅长隐身，像身手敏捷的“刺客”，能躲开敌人的雷达，迅速突破防空网。有了它，空军能用“一根针刺破一张网”，迅速展开进攻。

运 -20 运输机装得多、载重大，被人们亲切地叫作“胖妞”。有了它，空军就能把武器和战士，运送到更远的战场。就算是坦克、导弹发射车这样的“大块头”，也难不住它。

轰 -6K，也叫“战神”轰炸机。它力气大，携带武器多，能飞行近万千米，战斗力超群。

轰 -6N，是轰炸机家族的新成员。它头顶着长长的受油管，能在空中加油，可以飞得更远。

…………

这些战机的集体亮相，让全世界惊叹——中国空军，已经成为保家卫国的“长空利剑”！

知识宝卡

座舱盖上的曲线，能救飞行员的命

歼 -20 战机可真好看！飞行员上方的座舱盖上，还装饰着曲线。

这条曲线可不是为了好看。它叫导爆索，关键时刻能救飞行员的命。

战斗机飞行员执行的都是最危险的任务。一旦战机遇险，无法挽救，飞行员就需要弹射逃生。

时间就是生命！座舱盖要在瞬间打开。几乎同时，弹射座椅会像火箭一样射出去，速度和声速差不多。

导爆索里装的其实是炸药。

危难时刻，飞行员只需拉下弹射拉环，它就能瞬间爆炸。爆炸产生的力量不大不小，既能炸碎座舱盖玻璃，又不会伤到飞行员。

这样，飞行员就能安全地弹射出去了。

东风系列导弹

大国重器 小档案

姓名 东风系列导弹

昵称 东风快递

特点 护国重器，一系列的近程、中远程和洲际弹道导弹

大事件 2019 年 10 月 1 日，东风 -41 洲际战略核导弹第一次公开亮相

超能力 威力大，打击精准

东风导弹家族，使命必达

东风一号诞生

中华人民共和国刚刚成立时，用一个词形容，就是“一穷二白”。

一穷，是说经济不发达；二白，是说文化水平、科学水平都不高。

但是，刚刚站起来的中国人明白，落后就要挨打，必须尽快加强建设！国防建设就是其中的重要一点。

中国要向苏联学习造导弹。

1957 年，一列神秘的火车，从莫斯科开到了北京。车上装着苏联送来的“礼物”——两枚导弹。

中国和苏联的专家一起，拆开导弹，测量尺寸，绘制图纸，紧锣密鼓地工作起来。

只可惜，后来没等导弹造好，苏联专家就突然撤走了。

怎么办？只能靠自己！

1960 年 11 月 5 日，中国第一枚国产近程导弹东风一号划破长空，准确命中目标。

从这一天起，中国彻底结束了没有导弹的历史！

家族越来越壮大

只能模仿，可不算真本领，中国还要研发自己的导弹。

很快，中国造出了东风二号。

1962 年，它满载着人们的期望，腾空而起。没想到，发射后仅 20 多秒，它就头冒白烟，开始往下掉。

这个打击太大了，但中国的科学家没有气馁。

他们寻找失败原因，重新设计方案，做最严格的实验。终于，东风二号发射成功了。

接下来的几年，东风三号、东风四号连续成功，导弹的射程也越来越远。

可是，这远远不够。中国还要继续追赶，研制洲际导弹。

科研人员克服了一个又一个技术难题。终于，1980 年，一个振奋人心的消息传来。东风五号飞越 8000 多千米，准确命中太平洋上的既定海域。

中国有了第一枚洲际导弹！

“撒手锏利器”

“东风家族”不断壮大。

2019 年，在庆祝中华人民共和国成立 70 周年阅兵式上，它们接受了检阅。

看！瘦瘦尖尖的导弹，是新型常规导弹东风 -17。它速度快、轨道灵活，能精准打击目标。

高高胖胖的导弹，是洲际战略核导弹东风 -41。它飞得远、威力大，技术先进，是中国战略核力量“撒手锏利器”。

它们神通广大，又快又准，哪儿都能去。

它们肩负神圣的使命——做中国人民的守护者、国家安全的维护者、世界和平的捍卫者。

知识宝卡

东风 -41 有多强？

东风 -41，中国导弹家族的大明星。来看看它到底有多强吧！

飞得远

东风 -41 的最大射程约 1.4 万千米。无论目标在地球上的哪个角落，哪怕是在遥远的南极，它都能打得到。

威力大

东风 -41 可以携带分导式核弹头。也就是说，一枚东风 -41 导弹有多个弹头，可以命中不同的目标，很难被拦截。

打击精准

东风 -41 的打击精度为 100 米。就算是打击距离最远的目标，它的误差也在 100 米以内。这样的本领，在全世界都是数一数二的。

发射灵活

东风 -41 装在导弹发射车上，可以深入戈壁、沙漠、雪地。就算是在高速公路、篮球场上，它都能发射。

心灵宝卡

生活中，也许我们会遇到一些“不可能”：不可能考第一名、不可能打赢比赛、不可能完成任务。

如果再努力一点，再坚持一下，说不定，我们也能像保家卫国的“神兵利器”一样，把“不可能”变成可能！

第二章

仰望星空的“超能眼”

宇宙里有什么？

星星们藏着什么秘密？

神出鬼没的快速射电暴、银河系里的超级黑洞，

还有神奇的脉冲星……

地球上，是谁在仰望星空，

寻找答案？

中国天眼

姓名 500 米口径球面射电望远镜

特点 世界上最大最灵敏的单口径射电望远镜

反射面总面积 约 25 万平方米，相当于 35 个标准足球场

落成时间 2016 年 9 月 25 日

所在地 贵州省黔南布依族苗族自治州平塘县大窝凼

超能力 能捕捉 100 多亿光年外的电磁信号

中国天眼，凝望宇宙深处

超级“大锅”

中国天眼坐落在群山中间，像一口巨大的锅。

这个“锅”有多大？

它的直径达 500 米，围着它外围走一圈大约要半小时。

如果把它平铺展开，足足有 35 个标准足球场那么大。

如果在里面倒满矿泉水，全世界约 80 亿人平均每人能分三瓶半。

“天眼”不仅大，还会“变形”。

它由一块块反射面板拼装而成。

为了寻找遥远的宇宙信号，4000 多块反射面板能同时变换姿势，灵敏极了。

它的探测能力有多强？

有人在月亮上打电话，中国天眼都能探测到电话信号！

地球的“眼睛”

中国天眼这么厉害，那它是怎么建成的呢？

只是给“天眼”找“眼窝”，科学家就找了十多年。他们最后发现平塘县大山里的某处地形最合适。

“天眼”就放在这儿了！

工程师来了，工人来了……寂静的大山热闹了起来。

糟了，很多大型设备进不来，山腰、悬崖上，很多地方等着开路挖洞呢！

没办法，工人们只好拿着工具一点一点地挖。10 米，20 米，

30 米……洞里，工人连呼吸都困难。

该拼装了！8895 根钢索、4450 块反射面板，工人们一根根、一块块地拼装好，几乎没有误差。

2016 年 9 月 25 日，中国天眼落成启用。

宇宙大侦探

群山中，中国天眼凝望浩渺苍穹，捕捉宇宙信息。

科学家说，“天眼”不是用“眼睛”看，而是靠收集射电波来观测宇宙。它能捕捉 100 多亿光年外的信号。

如果宇宙中有外星人，“天眼”说不定就能发现。

不过，找外星人只是“天眼”的“业余爱好”。它最大的使命，是寻找脉冲星。

一些恒星死亡后，会成为脉冲星。研究它们，我们能更好地了解宇宙。

“天眼”找到脉冲星后，人们通过研究它发出的信号，就能知道它从出生到死亡的秘密。

“天眼”像不像一个宇宙大侦探？

2016 年落成启用后，我就开始卖力工作。

截至 2022 年 7 月初，我发现了 660 多颗新脉冲星。这可是了不起的成绩！要知道，脉冲星是十分神秘的星星。我的发现，帮了科学家不少忙呢！

中国天眼发现几百颗神秘的星星

神秘的星星

1967 年的一个夏日，在英国剑桥大学，有个叫乔瑟琳 · 贝尔的研究生正在用望远镜观测宇宙。

突然，她接收到一个奇怪的信号，就像人的脉搏一样，非常有规律。

“这是外星人在向地球呼叫吗？”贝尔兴奋地问导师。

经过仔细分析，她和导师发现，这不是外星人发出的信号，而是一颗人们从来没听说过的星星发出的电磁波。

贝尔和她的导师给这颗星星起了个名字，叫作脉冲星。

脉冲星的发现，震惊了全世界。

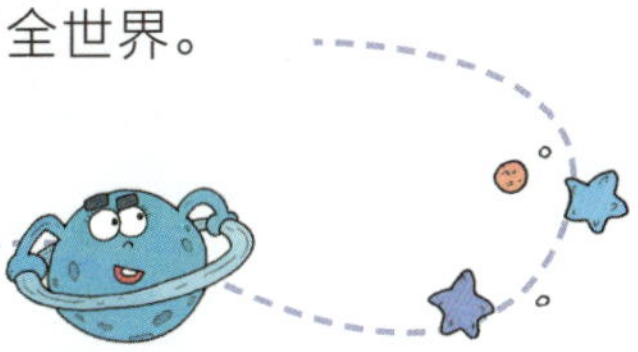

离奇的“身世”

一些恒星死亡后，会成为脉冲星。

脉冲星的个头，比地球小很多，却是浓缩版的超级“巨星”。它们的质量，是地球的很多倍，有的甚至是地球的几十万倍。

这种特殊的“体质”，让脉冲星与众不同。有的脉冲星转速极快，有的磁场强度能达到地球的万亿倍。

更不可思议的是，当它们疯狂自转时，会迸发出超强的电磁波。

这些电磁波能形成两道光束。它们就像茫茫大海中的灯塔一样，扫过幽暗的宇宙，还能穿越遥远的星际空间，到达地球。

世界的“眼睛”

脉冲星的存在，带给科学家无限的想象。

在未来的星际旅行中，用脉冲星当导航，是不是飞船就不会迷路了？

或者，我们还可以用脉冲星的能量发电，建造无数的超级“宇宙电站”。

这些想法太棒了！找到脉冲星，成了很多科学家的毕生梦想。中国天眼，正是科学家最厉害的帮手。

2021 年 3 月 31 日，中国天眼正式对全球开放。这次，它成了全世界探索宇宙的“眼睛”！

截至 2022 年 7 月，中国天眼发现了 660 多颗新脉冲星。让全世界科学家有了很多新发现。

你经历过非常悲伤的事情吗？我经历过。

2017 年 9 月 15 日，一位可敬的老人永远离开了我。他，就是我的建造者，“天眼之父”南仁东。为了我的诞生，他耗尽了毕生心血。

延伸阅读

“天眼之父”南仁东

毅然回国

南仁东是个多才多艺，非常有趣的人。

他从小就是学霸。1963 年，南仁东以吉林省理科第一名的成绩，考进了清华大学。

南仁东可不是“书呆子”。他爱好特别广泛，喜欢旅行，对诗词很有研究，绘画水平也特别高。

然而，这些爱好没有成为他的毕生梦想。

30 多岁时，喜欢“仰望苍穹”的他，进入中国科学院学习天文。从此，天文成了他一生的追求。

40 多岁时，南仁东已经是国际上有名的天文学家了。那个时候，他在国外一天的薪水，相当于国内一年的收入。但是，南仁东对金钱看得很淡。他放弃了国外的高薪工作，毅然回国。

祖国，才是他追寻梦想的地方。

“天眼”之梦

南仁东的梦想，就是为中国造“天眼”。有了它，人类就能探索更遥远的宇宙。

当时，世界上最大的射电望远镜，直径才 300 多米。南仁东要造的“天眼”几乎比它大一倍。

人们不敢相信。“这不是天方夜谭吗？”“它到底有用吗？”“我们能建成吗？”

南仁东没有怀疑自己。他当上了“推销员”。那些年，他逢人就讲“天眼”，争取到了很多合作伙伴的支持。

他还是“勘探员”。他一头钻进连绵的群山中，为“天眼”找“眼窝”。那些地方人迹罕至，经常连条小路都没有。

南仁东爬了几百座山，终于在贵州省平塘县找到了一个又圆又大的“眼窝”。

国家的骄傲

奔波了十几年，“天眼”终于开建了。那时，南仁东已经 60 多岁。

在“天眼”的工地上，他还是那么让人吃惊。

他太能吃苦了。猛一看，他和普通工人没什么两样：皮肤黝黑，面容沧桑，住工人宿舍，吃工地上的大锅饭。

他太有冲劲儿了。工程需要用到“高空吊人”的装置，他第一个上去试验。“天眼”圈梁合龙时，他在几十米高的钢梁上奔跑，开心得像个孩子。

2016 年，“天眼”诞生了。谁也没想到，第二年，南仁东就离开了我们。

他用毕生的心血，让自己的梦想，成为中国的骄傲。

2018 年 9 月 25 日，国际小行星命名委员会批准，编号为“79694”的小行星正式命名为“南仁东星”。

从此，浩瀚宇宙中，永远有了他的名字。

知识宝卡

为什么“天眼”像一口锅？

明明是超级望远镜，中国天眼为什么长得像一口锅？

哈哈，是望远镜不假，但“天眼”可不是用来看的。

“天眼”是射电望远镜。它探索宇宙的绝招，是接收肉眼看不到的射电波。

收集射电波，“锅”这种形状最拿手，而且“锅”越大收集的信号越多。

可是，如果“大锅”遇上大雨怎么办？岂不是要变成“汤锅”了？

别担心！工程师早为它设计好了“汗毛孔”。

“天眼”上布满孔洞，水顺着孔洞就排了出去。就算下倾盆大雨，“天眼”也不会被“泡坏”。

郭守敬望远镜

姓名	大天区面积多目标光纤光谱天文望远镜
特点	世界上口径最大的大视场光学望远镜
体形	貌似导弹发射架，最高处超过 15 层楼
所在地	河北省兴隆县
通过验收时间	2009 年 6 月 4 日
大事件	发现了迄今为止最大的恒星级黑洞
超能力	一次能精确定位 4000 个天体

“光谱之王”，要给银河系“画像”

捕捉光谱，巡天画像

每一颗恒星，都是燃烧的大火球。在大火球里，不同的物质发着光，产生了独一无二的光谱。

光谱，就像恒星的“指纹”。恒星的年龄、质量，在哪里诞生，有没有和别的天体发生过碰撞……只要捕捉它的光谱，就能知道。

郭守敬望远镜，就是捕捉光谱的观星高手。它能识别本身光度较弱的星——矮星，也可以定位能摆脱银河系引力的星——超高速星。

但是，这远远不够。郭守敬望远镜的志向是巡天。它要捕捉银河系所有的星光。等摸清楚星星们的情况，它就能给银河系“画像”了。

银河系的模样

每一个晴朗的夜晚，郭守敬望远镜都睁大眼睛，拼命工作。

它的发现，还改变了历史。原来，银河系比之前认识的还要大。光，从银河系的这头走到那头，需要 20 万年。银河系的“体重”有了新说法——大约是太阳质量的 9000 亿倍。

截至 2021 年 3 月，郭守敬望远镜发布了 1700 多万条光谱数据。世界各国的天文学家都请它帮忙做研究。银河系到底是什么模样？“光谱之王”还在不停地“画”呀“画”……

如何巡天

巡天？银河系的恒星千千万，要看到什么时候呀？当然不是一个个地看！

郭守敬望远镜有“大视场”，看到的星空面积更大。4000 根光纤对准星空，一次能精确定位 4000 个天体。这个数量，太惊人了。要知道，2009 年之前，先进的美国斯隆望远镜，一次才能看 640 个。

如果恒星的光很弱，郭守敬望远镜也能看到吗？

能！郭守敬望远镜的镜面口径大。“大瞳孔”能收集更多的光。就算光线暗，它也能看清楚天体的模样。

2009 年，郭守敬望远镜通过了国家验收，开始了精密调试。3 年多后，巡天正式开始。

它的质量是太阳的 70 倍左右，是目前人类发现的最大的恒星级黑洞！想知道我是怎么“捉住”它的吗？

“捉住”一个超级黑洞

奇怪的星星

故事还得从 2016 年讲起。

一天，郭守敬望远镜发现了一颗奇特的星星。这颗星星位于 1.4 万光年之外，有着独特的运行轨迹。

这颗星星似乎转着圈儿，绕着一个中心奔跑，好像有什么东西拽着它。

这是怎么回事？它到底在绕着什么转？

巨大的黑洞

难道那里有个黑洞？在宇宙中，只有黑洞才既会隐身，又有巨大的引力。

这颗恒星的质量是太阳的 8 倍左右。要想吸引这么大的恒星，这个黑洞也要格外大！ 可是，人类已经在银河系发现的恒星级黑洞，质量最大是太阳的 20 倍左右。想吸引这颗恒星，这个质量可远远不够。

2019 年 11 月 28 日，谜底揭晓了。中国科学家正式宣布，在这里，确实存在一个恒星级黑洞。不可思议的是，它的质量竟然是太阳的 70 倍左右 。

世界天文学界沸腾了：人类发现了更大的恒星级黑洞！

厉害的望远镜

发现这个超级黑洞的，正是郭守敬望远镜。

在宇宙中，有一些黑洞很“张扬”。它大口大口吞着星星的时候，会在“嘴巴”边留下一圈光环。依靠这个光环，科学家曾找到了 20 多个恒星级黑洞。可是，更多的黑洞很“沉默”。没有光的指引，很难找到它们。

郭守敬望远镜是收集星光的高手。它的办法很独特——寻找被黑洞吸引的恒星，让它们“说出”黑洞的秘密。这次，它就是通过破译星光里的“密码”，找出了“深藏不露”的黑洞。

知识宝卡

郭守敬望远镜的大发现

类星体

类星体，是类似恒星天体的简称。

类星体是宇宙中最明亮的天体之一，寄居在星系的中心。通过研究它们，天文学家能了解黑洞和星系演化的关系。

郭守敬望远镜发现了很多类星体。从 2012 年 9 月至 2017 年 6 月，它就发现了 4 万多个类星体，其中 24764 个是它独立发现的。

超高速星

郭守敬望远镜发现了距地球最近的超高速星。

这颗超高速星是恒星中的“运动健将”，正在快速逃离银河系的中心。有多快？最快甚至达到每秒 1700 千米！

富锂巨星

这种恒星非常稀有，郭守敬望远镜发现了 1 万多颗。其中，有一颗富锂巨星，锂元素含量最多，是太阳的 3000 倍左右。

激变变星

这种天体很特别。它由一大一小两颗星组成。体积小的星星，总是“偷吃”大星星身上的物质。2021 年 8 月，郭守敬望远镜发现了罕见的激变变星。更难得的是，一颗星星正在“变身”呢！人类还是第一次看到这种情况。

远望 7 号船

姓名	航天远洋测量船远望 7 号
特点	中国新一代航天远洋测量船
体形	长 220 多米，高 40 多米，满载排水量近 3 万吨
入列时间	2016 年 7 月 12 日
大事件	执行天宫二号、嫦娥四号、北斗导航卫星等多次海上测控任务
超能力	能在海上对航天器进行跟踪、测控

海上"追"天问，助它去火星

奇怪的大船

2020 年夏天，太平洋上来了 3 艘奇怪的船。

船大得像城堡，还装着奇奇怪怪的"大锅"。"大锅"瞄准天空，好像在执行什么任务。

它们正是远望 5 号船、远望 6 号船和远望 7 号船。

这次它们远道而来，是为了天问一号火星探测器的发射。

啊？天问一号去的可是火星，船在大海上，能帮什么忙？

要知道，火箭发射并不是笔直地冲向天空，而是走一条长长的弧线。

当火箭、航天器飞到大海的上空，测量船就要工作了。它们睁大"眼睛"，追踪火箭、航天器的一举一动，还要给它们发指令呢！

这工作可不简单。太空里的火箭、航天器，高速飞行。海上风大浪急，晃得厉害。站都站不稳，它们怎么工作呀？

超强的本领

它们的本领，个顶个的强！就拿年龄最小的远望 7 号船说说吧！

它"眼睛"明亮。定位系统能在茫茫大海中找到目标海域。位置"站"对了，测量才能精准。

它"鼻子"灵敏。天气预报系统能快速察觉风向、气流、云层的变化，带领船只躲过风暴。

它还有灵敏的"耳朵"。瞧，它怀里的这些"大锅"，能像耳朵一样快速捕捉火箭、航天器的信号，还能“指挥”它们工作。

遇到了大风大浪怎么办？不怕！放下减摇鳍！减摇鳍就像两对大“鱼鳍”，保证让船稳稳当当。像远望 7 号船一样，远望 5 号船、远望 6 号船也是远望家族的大明星。“嫦娥”奔月、“北斗”组网，都有它们的功劳呢！

胜利的欢呼

2020 年 7 月 23 日，最关键的时刻到了。

在海南的文昌航天发射场，长征五号运载火箭搭载着天问一号，一飞冲天！

约 6 分钟后，火箭飞临太平洋。

远望 6 号船第一个发现目标并开始测量。

一条条数据，从太平洋“飞”向北京航天飞行控制中心。火箭运行状态良好！

很快，远望 5 号船第二个捕捉到火箭信号，接着是远望 7 号船。

3 艘测量船接力登场，在天地间搭起“信号天梯”，“紧盯”火箭的一举一动。

2167 秒后，天问一号顺利进入预定轨道，火箭发射成功！

蔚蓝的大海上，3 艘测量船上传来人们胜利的欢呼声。

你知道吗？我的家族目前共有 9 个兄弟姐妹。

远望 1 号船到 7 号船，负责“远望”。远望 21 号船和 22 号船，负责“运输”。运什么呢？说来也许你会很意外，是运火箭！

延伸阅读

远望号兄弟
护送"胖五"出征

远望 21 号和 22 号，是专业的火箭运输船。

这不，2019 年 10 月，兄弟俩接受了一个大挑战，运送长征五号运载火箭去海南的文昌航天发射场。

长征五号运载火箭，小名叫"胖五"。它的个头约有 20 层楼高，"体重"相当于 100 多头成年大象。

最让人头疼的是它的"腰围"，7 个人拉着手都抱不住。就算把它拆解了，装到箱子里运送，那箱子也会大得让人震惊。

汽车、火车运输，难免要通过桥梁、隧道。箱子太大，很不方便，只能请远望号兄弟出马了！

10 月 22 日，远望号兄弟起航了！

航道里，南来北往的船可真多呀！"胖五"身上都是精密仪器，不能有一丁点儿磕碰。远望号兄弟细心地躲避着来往船只。

风变大了。大风推起 2 米多高的巨浪，扑向甲板，一波接着一波。

"减摇鳍准备！"远望号兄弟从船体两侧伸出鱼鳍一样的装置。船体晃动幅度明显变小了。

温度正常，湿度正常，集装箱没有移动……"胖五"安然无恙。

10 月 27 日，眼看要抵达目的地，又一个考验来了。

港口的航道狭窄、水浅、弯急。远望号兄弟个头儿太大，稍不留神，就会撞上礁石或偏离航道搁浅。

这种场景，远望号兄弟模拟练习过很多次。只见兄弟俩细心观察，熟练地调整方向，平稳地前进。

一个弯，两个弯……远望号兄弟成功转过了五个弯，顺利靠岸。

知识宝卡

船体的“远望”二字是谁写的？

船体上，繁体“远望”两个大字，洒脱俊逸，风骨峭峻，气度不凡。它是谁的字呢？

是毛主席的。

叶剑英元帅有一首诗，叫《望远》。毛主席将题目改为《远望》，并用铅笔写了下来。

毛主席留下来的字，大多是毛笔字，像这样用铅笔书写的，并不多见。

后来，人们把毛主席写的“远望”，用在了测量船上。

一晃几十年过去了，一代又一代“远望”测量船，带着这两个字驰骋大洋，瞭望星空。

心灵宝卡

探索未知，是人类的梦想。

拥有梦想很容易，难走的，是通往梦想的路途。

那条路上，遍地泥泞，布满荆棘，怀疑和胆怯会成为绊脚石。请相信，梦想足够美好，值得你为之付出全部努力！

第三章

“绝地英雄”勇闯极地和深渊

“绝地英雄”，

总是与众不同！

南北极的冰天雪地，它闯进来；

幽暗神秘的万米海沟，它潜下去；

熊熊山火，它不怕；

海难救援，它也要冲……

对“绝地英雄”来说，

这世界没有极限，只有舞台！

雪龙2号

姓名 雪龙2号极地科考破冰船

特点 中国第一艘自主建造的极地科考破冰船，全球第一艘艏艉双向破冰极地科考破冰船

体形 长122.5米，宽22.3米，排水量约1.4万吨

下水时间 2018年9月10日

大事件 执行中国第36次、第37次、第38次南极科考任务和第11次、第12次北极科考任务

超能力 极地科考，双向破冰，能在约1.5米厚的冰加0.2米厚的积雪中连续破冰航行

“雪龙”兄弟俩，一起探南极

哥哥的烦恼

说起极地科考，哥哥雪龙号可是个大英雄。早在 1994 年，它就开始执行极地科考任务了。

不过，雪龙号也有烦恼。

以它的破冰能力，得等到夏天冰雪大面积融化时，才能到达科考位置，还有很多区域到不了。

这也够难为它了。雪龙号出生在乌克兰，原本是一艘极地运输船。后来，经过改造，它成了科考船，可是只能破约 1.1 米厚的冰。这点功力，与神出鬼没的大块头冰山斗，太力不从心了。

所以，雪龙号总是伤痕累累。它太需要帮助了！

弟弟有大本领

就这样，雪龙 2 号——世界上第一艘双向破冰极地科考船诞生了。

它身上装了 4 个强大的推进器，即使遭遇 12 级大风，也能稳稳当当的。

它的船尾有一口“井”。打开它，科考设备可以穿过层层甲板，直接入水。就算天气恶劣，也不耽误科考。

它更强大的本领是双向破冰。雪龙 2 号既能往前开，也能往后开，还能 360 度原地转圈呢！遇到小冰山，它用头搞定。

碰到坚硬高大的海冰，它用尾部的螺旋桨，把它们打碎、掏空。

2019 年 10 月，雪龙 2 号信心满满地出发，去南极科考。

携手探南极

在南极，雪龙 2 号还碰到了哥哥。

兄弟俩迎风踏浪，驶向中国南极科考站中山站。

糟糕，一大片浮冰挡住了去路。哥哥雪龙号有点儿犯难。

雪龙 2 号赶紧加速，冲在哥哥身前去开路。

“咔咔咔”，冰块像白色的浪花，翻滚在雪龙 2 号的两侧。一条水道开辟了出来。雪龙号跟在弟弟后面，慢慢航行。

终于，到卸货点了！这里离中山站只有约 10 千米了。多亏了弟弟帮忙破冰！这么多年来，雪龙号还是第一次离中山站这么近。

双“雪龙”出马，就是不一样！

你已经知道了，我的身份是科考船。谁都没想到，我还救过人！这件事儿，我也挺骄傲的。澳大利亚的南极科考站戴维斯站，还专门为此事升起了五星红旗呢！

延伸阅读

南极上演救人接力赛

紧急求助

糟糕！有人生病了。

2020 年 12 月，在南极，澳大利亚的一名科考队员突发重病，卧床不起。

这可怎么办？这里是南极，根本没有医院。

最好的办法，就是赶紧把病人送回澳大利亚。

但是，最近的机场距离戴维斯站，也有约 1400 千米。

怎么去？澳大利亚的科考站没有合适的交通工具，赶紧向外界求救。

美国科考站回应了。他们有长途飞机，但没法在戴维斯站降落。

中国的雪龙 2 号，正在附近进行科学考察。

它也回应了：我们有直升机，飞不了长途，但能飞短途。

中国飞机来了

很快，大家商量出了办法。

第一步，建简易跑道。

戴维斯站约 40 千米外，有一片平坦的地方。

中国派雪龙 2 号的直升机，运送澳大利亚科考队队员和设备过去，建一条简易跑道。这样，美国飞机就可以降落了。

第二步，中国直升机把病人运过去，送上美国飞机。

第三步，美国飞机从简易跑道起飞，把病人运到约 1400 千米外的机场。

最后一步，澳大利亚飞机从机场出发，把病人送回国。

升起五星红旗

12 月 20 日，这场联合救援开始了。修跑道、接病人……

糟糕，南极的天气变幻莫测。接病人那天，突然刮起了7级大风。

幸好，中国直升机仍然准时出现，把病人送上了美国飞机。

联合救援，按照计划一步步顺利进行。

12 月 24 日，好消息传来！

重病的科考队员，被安全送到了澳大利亚的一家医院。

病人得救了！

澳大利亚科考站特别感谢中国的救援。为此，他们专门在戴维斯站，升起了鲜艳的五星红旗。

知识宝卡

去中国南极科考站看一看

在南极，中国不仅有流动的科考船，还有扎根在冰天雪地的科考站。

1985 年 2 月，中国第一座南极科考站——长城站，在南极建成。

接下来的几十年里，中山站、昆仑站、泰山站相继建成。现在，中国第五座南极科考站正在建设。

科考站里有什么？让我们走进中山站看一看。

一辆辆科考车随时待命，直升机载着科考队员忙个不停。

宿舍楼里 24 摄氏度恒温，上网、打电话、洗热水澡都很方便。

想吃新鲜蔬菜？没问题。蔬菜温室每个月能收 60 多千克蔬菜呢！

向阳红 01 船

姓名 海洋综合科考船向阳红 01

特点 中国新一代海洋综合科考船

体形 长 99.8 米，宽 17.8 米，满载排水量 4980 吨

交付使用时间 2016 年 6 月 18 日

大事件 执行中国首次环球海洋综合科学考察、中国第 10 次北极考察任务

超能力 远洋科考

向阳红 01 船，环球科考大冒险

苦练本领

向阳红 01 船有个大梦想，那就是环球科考！

它想去印度洋听听海洋的“心跳”，去大西洋找找宝藏，要是能穿越冰山抵达南极就更好了！

为了实现这个梦想，它苦练本领。

你看，它能在原地 360 度转身，还能像螃蟹一样“横着走”。

向阳红 01 船的科考功夫也了得。它能给海底做“CT”，还能像抓娃娃一样抓取海底生物呢！

本领练好了，2017 年 8 月，向阳红 01 船信心满满地出发了。

环球科考

旅途充满了惊喜。

鲸喷着水柱，陪它远航；企鹅挤满冰山，驻足围观。

可是，麻烦也很快找上了门。

印度洋上，风大浪急。向阳红 01 船被吹得左右摇摆、上下颠簸。

它用了 6 个多小时，才把“听诊器”放到了指定位置。

“听诊器”就是白龙浮标。有了它，人们就能观测海洋的气候变化，预测明年是厄尔尼诺发疯，还是拉尼娜更狂。

在“魔鬼西风带”，狂风呼啸着掀起了几米高的巨浪。向阳红 01 船降低航速，小心翼翼地驶了出去。

进入南极的那天，一座约 50 千米宽的冰山，又拦住了它的去路。向阳红 01 船左挪右移，成功绕了过去。

收获满满

这一路太惊险了。在海上颠簸了 263 天，向阳红 01 船终于完成了科考任务，回到了家。

快看看，它都带回了什么？

有块质量约 3 吨的“巨石”，是从南大西洋里抓出来的。这么大的硫化物可不多见。这说明，南大西洋附近很可能有大量金属矿藏。

有根“金箍棒”2 米多长！它是从太平洋东南部海底钻取的海底沉积物。科考队员发现，那里有珍贵的稀土矿。

第一次环球海洋综合科考，真是收获满满！

就这样，环球科考回来，我就成了大明星。2018 年，中央电视台还邀请我上节目呢！我要在全国电视观众面前，表演绝技“大海捞针”！

向阳红 01 船，挑战“大海捞针”

挑战开始

3、2、1，砰！

一个词典大小的红盒子，被扔进了中国黄海海域。

红盒子掉落的位置，距离海面约 100 米，光线昏暗。海面上，还会有大风大浪。

向阳红 01 船的任务来了——1 小时内，找到它，抓上来。

真为向阳红 01 船捏把汗。

嘘，挑战开始了。

向阳红 01 船启动动力定位系统。这套系统能应对海浪、大风、洋流，让船稳稳地停在海面上。

放下电视抓斗！

只见一只黄色的“大手”，缓缓进入大海。

它能像抓娃娃一样，把红盒子抓上来吗？

勇闯难关

这里可真黑呀！泥沙、浮游生物像灰尘一样漂来荡去。

电视抓斗打开照明设备，睁大“眼睛”，仔细寻找。

可惜没找到！

难道红盒子随洋流漂到了远处？向阳红 01 船小心翼翼地挪动了 2 米左右。很平稳，没有搅浑海水。

糟糕，变天了。海上刮起了大风。必须调整船位，稳定船身。

只见向阳红 01 船慢慢旋转，轻盈得像芭蕾舞演员。

不错，船处在迎风的位置，稳定了，继续寻找。

名不虚传

发现目标！

向阳红 01 船赶紧调整姿态，准备打捞！

可是，刚调整好，红盒子又不见了。

还剩 15 分钟……突然，红盒子出现了。

电视抓斗慢慢移动，来到红盒子上方。它张开“大手”，稳稳合拢。抓住了，往上提！

向上，再向上，人们翘首以盼。

出水了！哈，红盒子正静静地躺在“大手”里呢！向阳红 01 船果然名不虚传！

知识宝卡

海水大冒险，变出大宝藏

来，看一场海水大冒险。

海水？海水在海洋里，它能跑到哪儿冒险？

顺着海底裂缝，它钻进地球的肚子里。

哎呀，它碰到了岩浆。岩浆“咕嘟咕嘟”，把它加热得滚烫滚烫的。

哈哈，滚烫的它，“吞掉”了岩石中的金、银、铜、铁等金属元素，来了个华丽变身。

如果它再回到冰凉的海水中，就会被冷却。金属元素经过化学反应、沉淀，渐渐变成“热液硫化物”。它们堆积起来，成了宝贵的矿产资源。

向阳红 01 船就曾带回过这种宝贝哟！

奋斗者号

大国重器小档案

姓名 奋斗者号全海深载人潜水器

特点 全球首个能搭载 3 人下潜的万米载人潜水器

交付使用时间 2021 年 3 月

大事件 2020 年 11 月，创造中国载人深潜新纪录 10909 米

超能力 载人下潜万米，深海科考

奋斗者号，勇闯万米深海

出发前夜

真是一个令人激动得睡不着觉的夜晚！

那是 2020 年 11 月 9 日晚上。天一亮，奋斗者号就要再次下潜马里亚纳海沟了。

啊，是海沟的最深处——挑战者深渊。

那可不是一般的地方。它有 1 万多米深，就是把喜马拉雅山扔进去，也露不出头来。

那里水压非常大。坚硬的坦克到了那里，也会被压扁。

听起来真吓人！但是，那里也是一个神秘、有趣的海底世界。

地质学家，想知道它为什么这么深。

物理学家，想探寻那里洋流运动的规律。

生物学家，想研究深海生物的神奇本领。

瞧，一个个谜团等着奋斗者号呢！

告诉你一个小秘密。十几天前，它已经牛刀小试了一把。

那一次，它就下潜突破了 1 万米。但是，它当时紧张极了，只摸到了 1 万米的边儿。

它觉得自己还能做得更好。明天快点儿来吧，它要再挑战一次。

开始下潜

天亮了，太阳公公跳出了海面。

3 名潜航员早早地钻进了奋斗者号的“肚子”里，等待下潜。

嚯，开始了！

为它保驾护航的母船探索一号伸出“手臂”，缓缓送它下水。

轰！入海了，缆绳解开，奋斗者号带着重重的铁块下潜喽！

500 米，1000 米……阳光消失了，冰冷的海水从四面八方挤压它。

不过，它不怕。它有钢筋铁骨。

科学家研究了三年多，用新型钛合金，为奋斗者号造出了坚固无比的载人球舱。

瞧，潜航员安全地坐在舱内，正凝视着深海呢！

刷新纪录

天啊！注意！1 万米！

离海底越来越近了，奋斗者号“踩了一脚刹车”，速度慢了下来。

它一边巡航，一边寻找合适的地方着陆。

有了，就在这儿吧！它调整好姿态、方向，缓缓落在了海底。

10909 米！太激动了。中国载人深潜有了新纪录。

潜航员们，准备好了吗？四下看一看吧！拍一拍海底地形，找一找海洋生物。

对了，还有海底沉积物、岩石。机械臂准备，抓取！

一转眼，6 小时过去了，采样篮装得满满的。该回家了！

抛掉重重的铁块，浮力块“救生衣”带着奋斗者号开始上浮。5000 米，2000 米，1000 米……终于，奋斗者号浮出了水面。

潜航员们安全吗？放心吧，他们也好好的，和奋斗者号一样开心呢！

知识宝卡

水下世界

100 米
带鱼最喜欢的深度。它们喜欢头朝上，垂直立在水中。

200 米
200 米以下，就是深海了。

272 米
海狮和海豹，能把肺缩成球状，下潜到这个深度。

610 米
穿着特制的金属潜水衣，人类潜水员曾到过这里。

1000 米
来自海平面的光线完全消失。

1250 米
军用核潜艇到达过的极限深度。

2200 米
抹香鲸是哺乳动物里的潜水冠军，能潜到这个深度。

4000 米
不仅黑暗，而且寒冷，海水温度接近 0℃。

6000 米
除了黑暗与寒冷，这里还有难以想象的压力。

7062 米
2012 年蛟龙号创造的载人深潜“中国深度”。

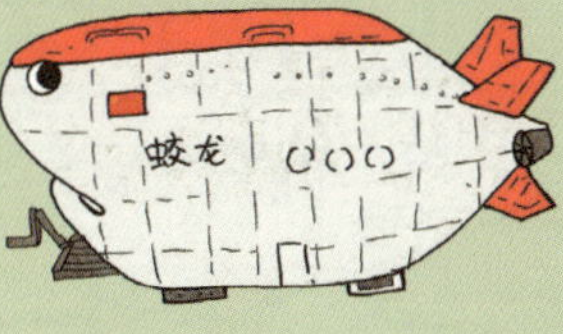

10909 米
奋斗者号创造的中国载人深潜新纪录。

海斗一号

大国重器 小档案

姓名 海斗一号全海深自主遥控潜水器

特点 万米作业型无人潜水器

体形 长约 3.8 米，外形像条鱼

大事件 2020 年 5 月，下潜至 10907 米，创造了中国无人潜水器下潜的深度纪录

超能力 下潜至万米深渊，开展探测作业

在漆黑的海底，6000 米以下的深海，又被叫作“海斗深渊”“海沟”“超深渊”。

它，十分神秘。奇特的生物，神出鬼没。地球上一大半的地震，都在那里发生。

它，充满危险。黑暗、冰冷，压力巨大，让人不寒而栗。

可是，一条“鱼”却想去那里看一看。它叫海斗一号，是中国的全海深自主遥控潜水器。

看名字就知道，它就是为“海斗深渊”而生的。

瞧瞧它的本领吧！

“全海深”，是指它能探索全球所有的海洋深度。

“遥控”，是说它可以接受科学家的遥控。它带着一条长长的脐带缆。脐带缆可以传输指令，帮助科学家遥控海斗一号工作。

“自主”，就更厉害了。就是说，海斗一号能断开脐带缆，自己在海底探险呢！

2020 年 5 月 14 日，海斗一号在“海斗深渊”的最深处——马里亚纳海沟，进行了万米海试。

它稳稳入海，迅速下潜。很快，它感受到了巨大的压力。冰冷的海水挤压过来，恨不得把它压成碎片。海斗一号毫不畏惧，埋头下潜。它像一把尖刀，一寸寸割开海水，向海底插去。

10907 米！这一天，海斗一号创造了中国无人潜水器下潜深度的新纪录。

知识宝卡

中国无人潜水器里的“大明星”

无人潜水器是个大家族。家族里有 3 支明星队。快来看看，你喜欢的潜水器明星在哪一队吧。

有缆队

这一队的明星，身上都带着长长的脐带缆。它们通过脐带缆接受科学家的遥控，完成很多精细作业。不过，被脐带缆拽着，工作的范围会小一些。

海马号

海马号像一块四四方方的积木，最深下潜过 4502 米。它能在海底的岩石上钻洞、取样，还曾帮科学家找到大量可燃冰。这可是十分珍贵的清洁能源。

海星 6000

海星 6000 下潜过 6001 米，是我国有缆遥控潜水器下潜的最深纪录。

无缆队

没有脐带缆怎么工作呢？不怕不怕！这一队的明星更“聪明”，能自动驾驶，去更远的地方执行任务，还能躲避障碍物呢！不过，少了科学家的帮助，很多精细作业，它们就没办法胜任了。

潜龙一号、潜龙四号

这兄弟俩外形都像鱼雷。它们能下潜到约 6000 米，在平坦的海底工作。探测海底地形、拍照，它们都很在行。

潜龙二号、潜龙三号

这兄弟俩，外形像条鱼，好像一对双胞胎。潜龙三号曾经一口气“跑”了约 156 千米，创下我国自主潜水器单次深海航程最远纪录。

悟空号全海深 AUV

它像一枚巨型口香糖，上面还画着孙悟空的脸谱。这种形状能减少下潜和航行的阻力。2021 年 11 月，它下潜至 10896 米，再次刷新 AUV 下潜深度纪录。

自主遥控队

没错，这一小队，既能带着缆绳遥控工作，也能卸掉缆绳自主探险。大明星海斗一号就在这个明星队。

海斗号

海斗号是海斗一号的哥哥。它可是中国第一个下潜到万米深海的无人潜水器，也曾创造过纪录呢！

鲲龙 AG600

姓名 大型灭火 / 水上救援水陆两栖飞机鲲龙 AG600

特点 我国自主研制的大型灭火、水上救援水陆两栖飞机

体形 机长 36.9 米，翼展 38.8 米，机高 12.1 米

下线时间 2016 年 7 月 23 日

超能力 陆地和水面都能起降

上天入海，我是两栖大飞机

2015 年 7 月 17 日，广东珠海飞机组装厂房

巨大的厂房里，人们正紧张地帮鲲龙 AG600 组装。

他们欣喜地打量着它。一堆堆的零件，终于要变成真正的飞机啦！

可是，它却有点儿不开心。

“别的飞机都那么帅，我怎么有个大肚子？”

这个大肚子，样子古怪，很像船底。远远看去，仿佛一艘大船“吸”在了它的身上。

“这么丑，真是气死人了！”

挺着大肚子，它还能飞起来吗？设计师是不是弄错了？

2016 年 7 月 23 日，广东珠海飞机组装厂房

今天，鲲龙 AG600 终于组装完毕了。

厂房里来了很多陌生人，热闹极了。

他们围着它，挥动着红旗，互相祝贺。还有人拍照。

“真难为情。我这个样子，拍照一定很难看。”

可人们不懂它的心思，依然兴高采烈，还大声议论着。

“天哪，它可真够大！两个篮球场也盛不下！”

“它有 4 个发动机，能飞 4000 多千米！从海南三亚起飞，能飞到南海的任何一个地方。”

它重新打量了一下自己。

的确，它还是挺高大威猛的！大肚子好像也没有那么难看！

“等等，别走啊！为什么要往我的肚子里装水？”

2017 年 12 月 24 日，广东珠海金湾机场

一晃，过去了一年多。

这一年多可把鲲龙 AG600 忙坏了。它每天训练自己，让所有零件运转自如，为飞行做准备。

训练很艰苦，它却非常开心。因为，它终于认识了自己。

原来，它是水陆两栖飞机，可以上天，可以入海，能帮助很多人呢！

森林着火了怎么办？

它的大肚子，20 秒内能装下约 12 吨水。飞到森林上空，轻轻一吐，倾盆“大雨”就能从天而降。

发生海难了怎么办？

它比救援船大约快 10 倍，还能在海上降落，一次能救约 50 个人！

今天，它迎来了第一次试飞。启动，滑行，抬头，直冲云霄……完美！

2018 年 10 月 20 日，湖北荆门漳河水库

陆地上，鲲龙 AG600 飞得不错。

可是下水嘛，它心里就没底了。

水的阻力比空气大。想从这里起飞，力气小了可不行！

水面波澜起伏，在这里降落，就像在冰面上骑自行车。飞行技术得十分高超。

这几个月，它又是练力气，又是练技术，忙得不可开交。

终于，在今天，它迎来了水上试飞。

看，它启动了。它慢慢划开水面，驶进水中，稳稳地滑行，然后加速，昂头，一跃而起。约 14 分钟后，它又稳稳地降落在水面上。

围观的人群沸腾了。看来，它表现不错！

2020 年 7 月 26 日，山东青岛团岛附近海域

今天，鲲龙 AG600 又迎来一个新挑战——海上首飞。

没想到，它刚一飞到海面上空，就紧张起来。

瞧瞧脚底下，风大浪又急。风向、风速，它得考虑，海里的洋流，它

也得提防。

好在它已经练好了本领。瞧，它稳住身体，调整姿态，不断降低飞行高度。

啊，入海了！它贴着海面滑行，接着，回转，加速，昂头，它“踏”着浪腾空而起。

海上试飞成功啦！它又闯过了一关！

不过，未来，它还有很多考试。等练好了本领，闯完了关，它才能去森林灭火、水上救援。朋友们，等着它的好消息吧！

知识宝卡

水门礼是什么礼？

来了，来了，鲲龙 AG600 水陆两栖飞机海上首飞回来了！

2020 年 7 月 26 日，在山东省的日照山字河机场，两辆消防车面对面停在跑道两边。

喷水！高高的水柱在半空中交汇，形成一道弯弯的“拱门”。

鲲龙 AG600 从水门下经过，洗去一路的风尘，别提有多精神了。

咦？飞机还要洗澡吗？

这叫水门礼，是航空界的最高礼仪，通常在重大场合才会出现。

2020 年抗击新冠肺炎疫情时，援助武汉的医疗队坐飞机回家。人们就用这种礼仪迎接他们，表达感谢呢！

与此相似，在航海界，邮轮第一次跨洋航行或者开辟了新的航线，有时也会迎来水门礼。

心灵宝卡

为了了解浩瀚的宇宙，人们飞上了太空；为了看清神秘的大海，人们又潜入了海底。

人类的好奇心就像一把钥匙，打开了一个又一个未知世界的大门。

第四章

忙碌建设的“能工巨匠”

谁是陆地上的巨无霸？

大象？恐龙？

超能英雄们笑了笑，不说话。

“钢铁穿山甲”比 5 层楼还高，

“神州第一挖”一铲装满列车车厢，

还有起重机、架桥机、造楼机……

个个都是巨无霸。

多亏有它们，

桥梁贯通山海间，天堑也能变通途。

我们的祖国，日新月异！

京华号盾构机

姓名 京华号盾构机

特点 中国研制的最大直径盾构机

体形 长 150 米，最大开挖直径 16.07 米

质量 4300 吨

下线时间 2020 年 9 月 27 日

超能力 挖隧道

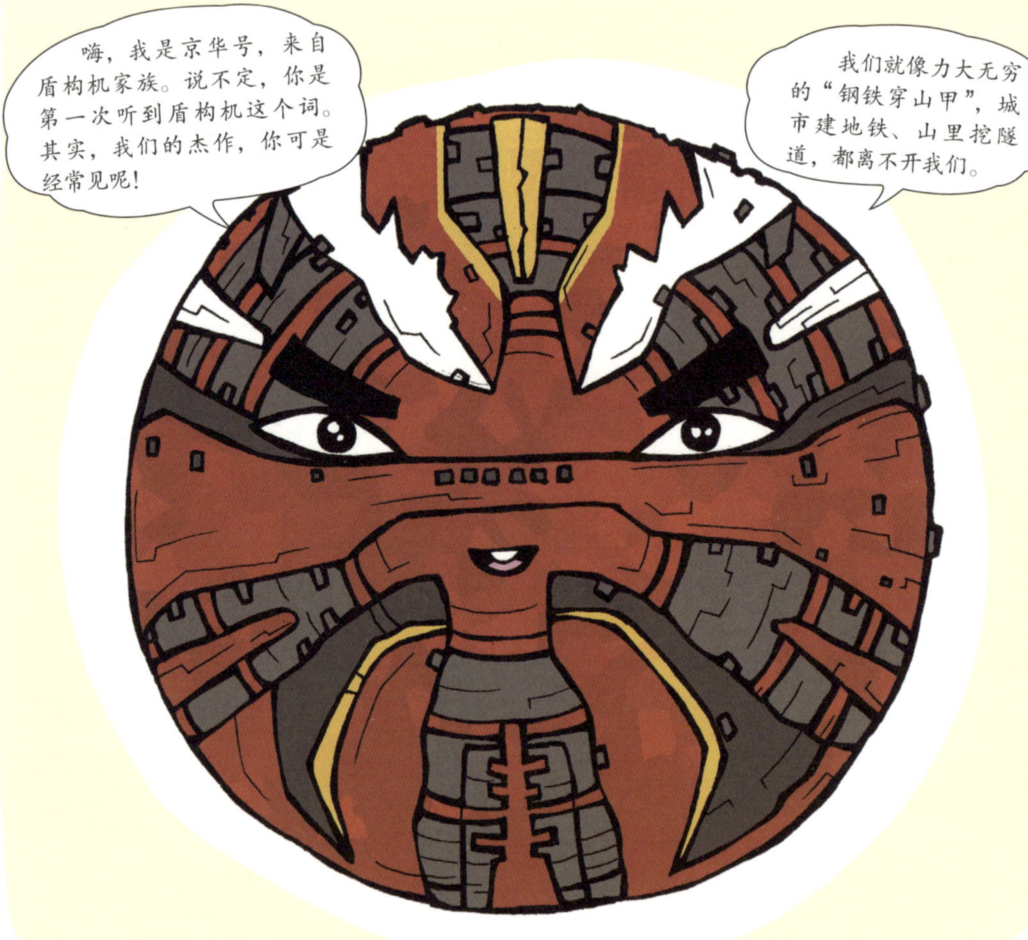

中国造出了“争气机”

神奇的盾构机

1997 年，秦岭隧道的工地上，来了一个“钢铁穿山甲”。

圆柱形的脑袋，长长的身体……没错，这是盾构机。它是中国花了约 3.5 亿元人民币，从德国买来的挖掘高手。

这么贵，它到底有什么了不起的本领？

快看，它头顶的刀盘，旋转了起来。

刀盘上满是刀具。刀具如同一颗颗“尖牙”，把土石切削、嚼碎，咽下了肚。

肚子里，土石随着机器螺旋上升，坐着传送带，三下两下就运出了隧道。

果然厉害！不用炸药炸山，不用铁锹挖洞，盾构机一路“啃”过去，隧道就挖成了。

还有更厉害的！只见这个大家伙，一边“啃”，一边用管片“砌”出隧道壁。盾构机开过，隧道就差不多建好了。

这也太神奇了！盾构机一出马，秦岭隧道提前 10 个月贯通。

啃下硬骨头

盾构机的本领，让中国人大开眼界。

可惜的是，这么好的东西，我们造不出来。

那时，中国只能生产小型盾构机。修地铁、凿隧道用的大型盾构机，结构复杂，零件精密，全世界只有几个国家能造出来。

中国要买，就得花大价钱，机器维修保养，还贵得离谱。

中国决定造自己的盾构机！

没有技术，就努力钻研。

画图纸、做刀盘，一次次实验，一次次失败……用了 6 年时间，中国科研人员终于啃下了这根硬骨头。

2008 年，中国第一台具有自主知识产权的复合式土压平衡盾构机，诞生了！

中国的“争气机”

不同的工程，需要不同类型的盾构机。

科研人员还在继续钻研，接着造。

刀盘的本领要全面，“啃”岩石的来一个，“咬”软土的再来一个。

盾构机的直径也要大。三四层楼不算高，看看最大的京华号，它的直径有 16.07 米，比 5 层楼还高呢！

现在，全世界的大型盾构机，一半以上都是中国制造。俄罗斯、新加坡、孟加拉国……世界各地，都有它们忙碌的身影。

就连盾构机的发源地——法国巴黎，也邀请中国盾构机去修地铁呢！

中国的盾构机可真争气，难怪大家都叫它“争气机”！

“功夫熊猫”，出征成都

好消息，又一台盾构机下线啦！

2021 年 7 月 10 日，在湖南长沙，锦绣号盾构机亮相了。

它的体积约为大型火箭的 15 倍。从盾构机的头走到尾，相当于走过了 15 间教室。

直径达 12.79 米的刀盘上，还画着国宝大熊猫呢！

虽然和京华号相比，锦绣号小了一点儿。但是，在挖掘细颗粒土层的盾构机里，它可是直径最大的。

这不，在四川成都，一条隧道正等它开挖呢！

这条隧道，难度可不小。上面的土层有厚有薄，厚的有约 60 米，薄的不到 8 米。为了挖隧道，锦绣号做足了准备，既能抗压，又能预防地面沉降。

出征吧，“功夫熊猫”！我们等着你的好消息。

知识宝卡

盾构机的发明，灵感来自凿船贝

来认识一种小动物——凿船贝。

它是一种海洋软体动物，能长 1 米多长。

看名字就知道，它的爱好是在船上凿洞。它头上的硬壳就像钻头，能把木材钻透。

大约 200 年前，法国工程师布鲁诺尔有一个惊人的发现——凿船贝，竟然一边凿洞，一边分泌黏液加固洞穴。

如果人类也用这种方法挖隧道……布鲁诺尔有了“盾构”的想法。

盾是盾牌的盾，构是构造的构。在挖掘行进的过程中，同时构造一个“盾壳”，支撑土石，预防坍塌。

190 多年前，布鲁诺尔发明了世界上第一台盾构机。

当时，英国人正在发愁，如何修建泰晤士河的水底隧道。布鲁诺尔的盾构机，就帮了大忙。

700 吨挖掘机

姓名 700 吨液压矿用挖掘机

昵称 神州第一挖

特点 中国自主研发的第一台超大型液压挖掘机

质量 相当于 500 辆家用汽车

下线时间 2018 年 4 月

超能力 一铲斗能挖约 60 吨煤，可装满一节货运列车车厢

“5、4、3、2、1，爆破！”

2020 年，在中国产量最大的煤矿——内蒙古黑岱沟露天煤矿，砰的一声巨响，大地炸开了花。

这一下，炸出了约 170 万立方米土石。如果把它们铺到一个足球场上，大约有 80 层楼那么高。

挖开土石，就能采煤了。

谁来挖呢？普通的挖掘机铲斗小，这么多土石，挖起来就像蚂蚁搬家，得挖到猴年马月！

别急，700 吨液压矿用挖掘机来了！

它，个子高，举起胳膊，够得着 7 层楼。它，铲斗大。铲斗里能站下约 100 个大人。一铲斗下去，挖起的土石能装满货运列车的一节车厢。

厉害吧！人们都叫它“神州第一挖”。

2018 年以前，这种超大型挖掘机，只有德国、日本、美国等国能造出来。中国用了七八年的时间，研制成功。现在，它已经成了大型矿场的得力帮手。

知识宝卡

“神州第一挖”怎么给自己铺路？

矿坑里到处坑坑洼洼，“神州第一挖”个头那么大，会不会摔一跤？

别担心。

“神州第一挖”的履带中，藏着 4 种轮子。引导轮最“聪明”。它指挥轮子和履带紧密地配合。支重轮是个“平衡高手”，把“神州第一挖”庞大的身躯托得稳稳的。驱动轮是个“大力士”，推着履带向前走。托链轮拉紧履带，让它均匀地转动。

这样，“轮子四兄弟”齐心协力，就能帮“神州第一挖”平稳地爬坡过坎了。

1600 吨起重机

大国重器小档案

姓名 1600 吨全地面起重机

特点 中国自主制造的全球首台 1600 吨全地面起重机，全球首台能够进行 140 米风力发电机吊装的全地面起重机

大事件 2019 年 5 月，在河北柏乡风电场完成吊装首秀，惊艳全世界

超能力 翻山越岭吊装风力发电机，又好又快

吊装高手，翻山越岭建“风车”

超级“大风车”

在我国辽阔的大地上，平均每一小时，就有两台风力发电机拔地而起。

它们像白色巨人一样，矗立在野外，把捉住的风能变成电能，送到千家万户。人们形象地叫它们“大风车”。

它们可真大呀！最大的，比 40 层楼还高，质量和 100 头大象差不多。

更让人头疼的是，大风车成群结队工作，却彼此保持距离，稀疏地“长”在荒郊野外。

吊装“大风车”就像接力赛，吊装完一个，还得转场吊装下一个。

2019 年 5 月 5 日，河北柏乡风电场来了一个吊装“大风车”的高手。它不仅力气大，还很能“跑”，转场特别快。

灵活的大力士

没错，就是它——1600 吨全地面起重机。

“全地面”，名字听起来就霸气。

甭管是小路，还是山坡，都难不倒这个“越野高手”。

工作场地小？不碍事！给个教室大小的地方，它就能开工。

比力气，它更不在话下。

瞧，它出手了！

五六十吨重的塔筒，它轻松吊起，组装完毕。“大风车”的腿“站”起来了。

约 95 吨重的发电机舱，它不仅能吊起，还能精准安在约 140 米高的塔筒上。“大风车”的“脑袋”也装好了。

这个吊装高度，还破了同行的纪录呢！

干活很精细

还差最后一步，吊装 3 个大叶轮。

这可是个精细活儿。机械师已经爬上塔筒最顶端，等着紧固螺栓了。

1600 吨全地面起重机必须配合好，稳稳地吊起叶轮，卡准位置。

不怕！“智慧大脑”开动，吊臂稳稳当当。

有了它的配合，80 颗巨型螺栓，机械师一个多小时就拧好了。一台“大风车”，大约 3 天就吊装完毕。

这工作效率，提高了约一倍。现在，1600 吨全地面起重机已经成了吊装“大风车”的明星。

知识宝卡

长得像汽车，为啥叫“全地面起重机”？

在起重机家族里，汽车起重机和全地面起重机很常见。

它们的模样相似。乍一看，都是一辆汽车“背”着长长的吊臂。

区别在哪里呢？最显眼的不同是“脑袋”。

汽车起重机，是在汽车上装了一台起重机。它有两个“脑袋”，一个是汽车驾驶室，一个是起重机控制室。

全地面起重机只有一个“脑袋”。它既是汽车驾驶室，又是起重机的控制室。

它们的“肚子”，也就是底盘，也不一样。

汽车起重机的底盘，通常就是汽车的底盘。全地面起重机的底盘是专门设计的，更适合爬坡。

此外，全地面起重机力气更大。

86米臂架泵车

大国重器小档案

姓名 86米九桥长臂架混凝土泵车

特点 全球第一台86米臂架混凝土泵车，中国最长钢制臂架混凝土泵车

下线时间 2011年9月

超能力 建摩天大楼运输混凝土的好帮手

急脾气的混凝土，遇上“长胳膊”钢铁侠

急脾气的混凝土

混凝土，是一种常用的建筑材料。

它由水泥、沙子、石子等材料加水搅拌而成。搅拌时，混凝土软绵绵的，可凝固后，就成了坚硬的墙板、楼板啦！

所以，混凝土天生是个急脾气。送它上高楼，动作可不能慢！

谁送呢？当然是混凝土泵车啦！

它有强大的“心脏”，长长的“胳膊”。“胳膊”动力十足，就像长水枪，把混凝土“打”到高高的楼顶。

“长胳膊”的钢铁侠

2011 年，86 米九桥长臂架混凝土泵车诞生了。

九桥，是指它有 9 排轮胎，这样站得更稳。

臂架，就是长长的“手臂”。泵车的 7 节臂架全部伸展，有 86 米长。臂架能把混凝土送上 20 多层的高楼。足球场那么大的楼板所需的混凝土，它两个多小时就能送完。

2011 年，因为臂架长，它还曾打破吉尼斯世界纪录呢！

强壮的“手臂”

可是，混凝土那么重，泵车的臂架这么长，不会断吗？

不怕！泵车的臂架是用特制高强钢做成的。

这种钢材，受过 900℃左右的高温，也曾在 20 秒内快速

冷却，有极高的强度。指甲盖大小的一块钢，就能顶起一头大象。输送混凝土，更是不在话下！

知识宝卡

混凝土臂架泵车诞生记

混凝土上高楼，曾是困扰建筑工人的大难题。

刚开始，它“坐”吊斗上楼。一斗一斗地往上吊，不仅慢，还费事儿。

要不给它换个“交通工具”？

顺着高楼的墙壁，人们铺设了长长的管道。地面的泵机一开动，混凝土“坐”着管道就上了楼。

可是，盖一栋楼就要铺一次管道，不但成本高，而且很麻烦。

1970 年，世界上第一台折叠臂架泵车诞生了！

这台车上，混凝土泵、输送管样样俱全。把臂架伸展开，混凝土就能顺着输送管上楼啦。

用它输送混凝土，效率高、成本低，还灵活方便。

空中造楼机

大国重器小档案

姓名 超高层建筑智能化施工装备集成平台

昵称 空中造楼机

特点 全球首创、中国自主研发的摩天大楼建造装置

质量 最重的约 2000 吨

超能力 把“建筑工厂”搬到高空，约 3 天就能建一层楼

2015 年 12 月，在四川成都锦江区，一栋房子从地面冒出了头。

它长啊长啊，长到了 400 米，比四川所有的房子都高了，还没有停下来的意思。

你可不要大惊小怪，中国超过 400 米的摩天大楼有 20 多座呢！

全世界每 100 座摩天大楼里，有约 70 座是中国建造的。

怎么造呢？用造楼神器——空中造楼机。

它就像云端的建筑工厂，有 5 层楼那么高，里面的设备井井有条，工人们分工作业。

他们有的忙着用设备吊装钢材，给高楼做钢筋“骨架”；有的在浇筑混凝土，为高楼造“肌肉”；有的在安装保温材料，给高楼“穿衣服”呢！

不好，7 级风来了！高楼微微摇晃，赶紧停工吧！

不怕不怕！空中造楼机四面封闭，有很多像吸盘一样的“手”，紧紧地“搂”着高楼，别提多稳固了。

没几天工夫，两层楼建好了。

空中造楼机，最厉害的绝招来了。瞧，它动了！它竟然慢慢地、稳稳地向上“爬”。

身上“驮”着的设备、工人，加上它自己的质量，比大约 1000 辆家用汽车还要重。它哪里来的这么大力气？

秘密就在它的“脚”上。它的 4 只“脚”里，装着液压油缸，别提多有劲儿了！

知识宝卡

这些摩天大楼，都用上了“造楼神器”

北京中信大厦

它是北京第一高楼，总高 528 米，地上 108 层、地下 7 层。因外形酷似古代礼器尊，它也被称为“中国尊”。

武汉绿地中心

它是武汉第一高楼，总高 475 米，地上 100 层、地下 6 层。

成都绿地中心

它是在建的四川第一高楼，主塔楼高 468 米。

昆仑号架桥机

姓名 昆仑号千吨级架桥机

特点 世界第一台千吨级运架一体式架桥机

体形 长 116 米，有 84 个车轮

质量 约 975 吨

正式投用时间 2020 年 6 月 22 日

大事件 架设跨海高铁桥梁——湄洲湾大桥

超能力 架桥高手，能运送并架设 1000 吨的箱梁

昆仑号搭“积木”，架起高铁桥

高铁桥遇到大麻烦

在陆地上修建高铁线路，并不容易。在大海上修建，更是困难重重。人们发明了一种特殊的设备，可以事半功倍。

2020 年 11 月，一座跨海高铁桥正在福建湄洲湾建造。

高大的桥墩从海中耸起。一个，两个，三个……桥墩向远方延伸。

有了桥墩，可以架桥啦！

可是，这座高铁桥有点儿特别。它的箱梁约 40 米长，质量约 1000 吨。

高铁桥由箱梁组成。箱梁越长，需要的桥墩就越少，建造时间会缩短，也会节省很多成本。

问题恰恰出在这儿：谁能把又大又重的箱梁放到桥墩上呢？

昆仑号来帮忙

来啦来啦，昆仑号架桥机来帮忙啦！

你看，它比两个箱梁连起来还长。光是车轮，就有 84 个。

昆仑号力大无比。质量约 1000 吨的箱梁，在它“手”中，就像一块块“积木”。

瞧，它把一块“积木”牢牢地“抱”在怀里，驶向桥墩。

只见昆仑号一步步驶上桥墩，小心翼翼地观察，不断调整步伐。最后，它轻轻地放下。好了，“积木”落在了两个桥墩之间。

海上风大，影响施工，怎么办？没关系，昆仑号有特殊的设计，7 级海风都拿它没办法。

到 2021 年 7 月，昆仑号共搭好了 298 块“积木”，圆满完成了任务。

知识宝卡

坐着高铁去看海

坐在飞驰的高铁列车上，窗外是一望无际的大海……这可不是幻想。

福厦高铁，北起福州，南至厦门和漳州。别看只有 200 多千米长，建成后，它将是我国第一条跨海高铁。

它要跨过 3 个海湾：湄洲湾、泉州湾、安海湾。昆仑号帮忙架桥的地方，正是湄洲湾。

2022 年 4 月，湄洲湾跨海大桥顺利铺轨，福厦高铁离通车又近了一步。

坐高铁看海，很快就会成为现实啦！

心灵宝卡

面对困难，是眼巴巴地等待别人的援助，还是期待天降奇迹？

都不是！

“能工巨匠”们逢山开道，遇水架桥，创造了一个个奇迹。只要你努力进取，说不定困难也会为你让路。

第五章

力大无穷的“海上巨兽”

猜猜看，

如果海上举办“大力士”比赛，

谁会来参赛？

这是谁？竟然能挖泥造岛！

这又是谁？有本事“背着”潜艇跑？

真是够厉害！

海上“大力士”，建设祖国有功劳！

天鲲号挖泥船

大国重器小档案

姓名 天鲲号重型自航绞吸挖泥船

特点 亚洲最大的重型自航绞吸挖泥船

体形 长 140 米，宽 27.8 米

最大挖深 约 35 米

最远输送距离 约 15 千米

下水时间 2017 年 11 月 3 日

超能力 挖泥高手，造岛神器，1 小时能挖泥约 6000 立方米

挖泥造小岛，亚洲它最棒

海边的“钢铁巨兽”

2017 年，天鲲号第一次下水。

掌声如潮水般涌来。“简直像头‘钢铁巨兽’！它将成为亚洲最大、最先进的挖泥船！”

亚洲第一？天鲲号迷惑地看着自己。

这时，传来哥哥天鲸号的声音：“弟弟，你了解自己的本领吗？”

“挖泥？”

“没错！”哥哥说，“你是重型自航绞吸挖泥船。重型，就是体形和力量大；自航，就是能自主航行；绞吸，就是削切海底的泥沙和岩石并吸上来……”

它忍不住打断哥哥说：“那我到底是不是第一呢？”

哥哥笑了，说：“现在的亚洲第一是我。将来，你要参加一场严格的‘超级考试’。通过考试，第一才是你的。”

哥哥的话，让它有点儿害怕。考试？好像挺吓人的……考砸了可怎么办？

埋头苦练本领

害怕归害怕，考试还是要认真准备的。

天鲲号刻苦训练，本领越来越强。它对自己的了解也更多了。

身上扛着的“大铁桩”，能插入水底，稳住身体。

船尾的“大钻头”，用来在水底挖泥沙。

船头的“大龙头”，能把抽吸上来的泥沙排放出去。

这些本领可不得了。把港口的淤泥挖走，轮船才能安全靠岸。在海上，挖出来的泥沙，还能建造小岛呢！哥哥曾在南海，把岛礁变得又大又美。全世界都为之惊叹！

它也想立大功。要知道，它是第一艘完全国产的重型自航绞吸挖泥船，设计上要比哥哥更强大、更先进。它一定要通过“超级考试”，成为真正的亚洲第一。

一场“超级考试”

“超级考试”，真的来了。

考场是大海，时间 3 个月，天鲲号要挑战三个难关！

第一关：考“胃口”。

它把钻头探入海底，绞出泥沙浆，用力吸，然后，用力喷！泥沙浆通过一条长管，排放到了约 15 千米之外。成功！

第二关：考“智力”。

这可是个连哥哥也不会的本领。

启动智能系统！不用人操作，它自己就能根据海底状况，调整挖泥动作。成功！

第三关：考“牙齿”。

它换上专用的“钢牙”，“啃”向海底的岩石。坚硬的岩石，被粉碎了。成功！

2019 年 1 月 9 日，它通过考试，胜利归来。远远地，又传来了哥哥的声音：“恭喜！亚洲第一，是你的啦！”

其实，它这时已经明白了一个道理。第一并不重要，挑战自己，敢“啃”最硬的石头，才是最棒的！

1小时能挖大约1米深的足球场，6天半能挖一个“水立方”……瞧瞧我这一身好功夫！2019年3月，我第一次出门，执行挖泥任务。嘿，那可真是一根“硬骨头”！

天鲲号，海外比赛“啃”石头

海底“啃”石头

第一次任务，天鲲号就被派到了海外。可一到达那个地方，它就发现情况不妙。

海底竟然埋着约106万立方米的岩石。这岩石，能填满约560个游泳池。

没办法，“啃”吧！它可是“亚洲第一”呀！

刚“啃”下去一嘴，天鲲号又吃了一惊。这岩石比花岗岩还要硬。它“咬”得咯嘣咯嘣响。声音在整条船上回荡，船员们胆战心惊。

果不其然，没工作多久，它的“牙”就坏掉了。

不怕！换上新“牙”，它继续“啃”。咯嘣咯嘣，谁怕谁！

来了个帮手

刚“啃”了没几天，海上来了个帮手——一条比利时的绞吸船。

听人们说，它在欧洲干过不少大工程，是世界顶尖的绞吸船。

天鲲号可不能输给它。

天鲲号的“牙”，一会儿正转，一会儿反转。正转的时候空摆，反转的时候再“啃”。学会用巧劲儿，天鲲号“啃”得快多了。

换“牙”的速度也得快。这不，船员们研究出新的换“牙”方法，速度提高了约 3 倍。换完接着“啃”，昼夜都不停。

它偷偷看了一眼对手，那家伙也“啃”得热火朝天。天鲲号干得更卖力了。

提前完工

2019 年 10 月，工程提前完工了。

谁会是冠军呢?

比“啃”石头，天鲲号和对手各干了一半，打了个平手。

比输送泥沙浆，天鲲号略胜一筹。因为，它的长管子，可是世界第一长呀!

不过嘛，友谊第一，比赛第二。

有了比利时小伙伴的帮忙，工程提前 45 天完工了。胜利是属于它们两个的。

知识宝卡

了不起的中国挖泥船

水底挖泥，是很重要的活儿。

把河底的泥沙挖走，河道变宽、变深，能行大船，能减少水患。

把港口的泥沙挖走，疏通航道，能走巨轮，能让经济更繁荣。

靠人力挖泥，费时费力。于是，人们发明了挖泥船。

挖泥船干活又好又快。重型挖泥船，更是了不起。除了清理泥沙，疏通航道，它还能填海造陆。

现在，中国挖泥船的研发和制造实力，已经位居世界前列!

振华 30 号

姓名	振华 30 号起重船
特点	全球最大单臂全回转起重船
体形	长 297.55 米，宽 58 米，排水量约 26 万吨，甲板面积相当于 2.5 个标准足球场
单臂固定起吊	约 1.2 万吨
单臂全回转起吊	约 7000 吨
大事件	2017 年 5 月，吊装港珠澳大桥沉管隧道的最终接头
超能力	海上大件吊装、海上救助打捞

2017 年 5 月 2 日，珠江口的伶仃洋上一片忙碌。铺设了 4 年的港珠澳大桥海底隧道，即将贯通。

现在，就差一个接头了！这个接头，块头可不小，它质量相当于 30 多架波音 747 飞机！嚯，这么沉的大块头，谁能吊起来？大家的目光，齐刷刷地投向一个“大力士”——振华 30 号起重船。它的身体，稳稳地扎在海面上。它粗壮的“胳膊”，不仅能吊起一整座埃菲尔铁塔，还能拎着约 7000 吨的重物转圈呢！

振华 30 号出手啦！接头被它稳稳地抓起。保持平衡、寻找位置，接头顺利入水。水下，还有更大的挑战。准确的位置，很难找。远了，对接不上，太近，接头会撞坏两边的隧道。风吹来了，浪也涌动着，振华 30 号小心翼翼地调整着。一遍、两遍、三遍……

就是这儿了！上百遍的尝试后，振华 30 号轻轻地放开手，接头准确地卡在了两节隧道之间。

成功！

知识宝卡

它能帮助打捞海底沉船

起重船又称浮吊。它的甲板上装有起重设备，能在水面上吊起成百上千吨的重物。

起重船是个大家族。每一种起重船都有拿手本领。

有的能装卸货物，有的能安装桥梁隧道，有的能铺设海底管道，有的能进行海上打捞和救助。

想打捞海底沉船，也离不开起重船。

随着经济的发展，中国需要更多的起重船。自主研发的起重船，也越来越多。

1974 年，中国自主设计的 500 吨起重船，在天津建成。它是中国第一艘大型起重船。

2012 年，中国第一艘深水铺管起重船——海洋石油 201，在山东青岛建成。它能把管道铺在约 3000 米深的海底。

2016 年，振华 30 号在上海交付使用。

大国重器
小档案

新光华号

姓名	新光华号半潜船
特点	中国最大的半潜船
体形	长 255 米，最宽处 68 米，甲板有两个标准足球场那么大
下潜吃水	30.5 米
载重量	9.8 万吨
交付使用时间	2016 年 12 月 8 日
大事件	2017 年，运送浮式生产储卸油平台希望 6 号去欧洲
超能力	特种海运，可运送潜艇、驱逐舰、海上钻井平台等

新光华号，上演半潜绝技

特种海运

海上运“快递”，挑战可真不少！

潜艇、驱逐舰坏了，那么大个儿谁给运回来？

海上钻井平台去“上班”，好几万吨谁能运出去？

它们不能拆装，又没有起重船能整个儿吊起来。

这不，2017 年 2 月，在浙江嵊泗的海面上，就有一座海上储卸油平台，正焦急地等待运输。

它叫希望 6 号，质量约 3 万吨，要去英国的海上油田工作。

谁会来帮忙把它运走呢？

轮船们一个个摇起了头：这是特种海运，一般的船可干不了！

模样奇怪的船

有一艘船来了！

来的正是新光华号。它个头儿大，模样也有些怪，中间的甲板，又大又平。

咦？明明说好运货的，新光华号怎么一见面就玩起了潜水呢？

你看它，打开压载水舱，让海水哗啦哗啦地涌进肚子。

哎哟，甲板一点点沉下去了。

这是在干什么？

半潜绝技

这可是新光华号的绝技。

不用起重船帮忙，自己就能装货。甲板潜下去了，希望 6 号就能靠着水的浮力，爬上甲板。

等希望 6 号一“趴”稳，新光华号又开始往外排水，一点点浮出水面。

这一潜一浮，新光华号，轻轻松松就能“驮”起这个大块头了。

知识宝卡

半潜：风靡海上的大本领

半潜，顾名思义，就是一半身体潜入水中。

这个本领，太有用了。海上很多“大块头”都在学。

新光华号，学会了。它能在海上轻松托起 10 万吨级的重物。又大又重的航空母舰，它也能“背”起来。

一些海上钻井平台，学会了。以前，开采石油，它们得把“长腿”牢牢地固定在海底。学会半潜就厉害了，它们不用“伸腿”，浮在海上，一样开采石油。

2022 年 3 月，一座“大房子”也学会了。它们半潜干吗呢？在这儿，人们能深海养鱼，也能休闲旅游呢！它就是海南首座半潜式深远海智能养殖旅游平台。

23000 标准集装箱船

大国重器小档案

姓名 23000TEU 双燃料动力集装箱船

特点 全球首创最大、最先进双燃料动力集装箱船

体形 长 399.9 米，宽 61.3 米，货舱深度 33.5 米

载重量 22 万吨

交付使用时间 2020 年 9 月 22 日

超能力 海上运货，装得多还环保

如果你去过港口，也许见过装着集装箱的大船。

集装箱，是一种装载货物的超大型箱子。拿 20 英尺标准集装箱来说，大约 7 个就能塞满一间教室。集装箱船，是海上运货的船舶，一次能运成千上万个集装箱。

问题来了，23000 标准集装箱船，能装多少个标准集装箱呢？

答案，就在它的名字里！哈哈，没错，约 23000 个。

这个海上“巨无霸”，比世界上最大的航母还长 60 多米，甲板有约 3.5 个标准足球场那么大。不仅个头大，它还是个“绿巨人”。通常，这么大的集装箱船，得“喝”很多很多燃油，才有力气运货。23000 标准集装箱船也“喝”燃油，不过，它更喜欢“喝”液化天然气。所以，它排出来的气体污染物特别少。

起航喽！“喝”饱了液化天然气，它能一口气从中国驶到美国，在太平洋里跑个来回呢！

知识宝卡

集装箱之父

过去，货物的运输箱没有标准，大小不一。装卸货物，很多时候需要工人一件一件地搬，费时又费力。

六七十年前，美国人马尔科姆·麦克莱恩，找到一个好办法：把货物装进尺寸相同的金属箱子，连货带箱子一起搬运。这些箱子够大够结实，还能一层一层地摞在卡车和轮船上，节省空间。

这种箱子，就是集装箱。后来，这种方法被应用到更多货运领域，为全球运输业带来了巨大的变革。麦克莱恩被誉为“集装箱之父”。

心灵宝卡

困难，就像高山，你可能会觉得无法跨越。

对敢于挑战的人来说，出发的那一刻，他就已经在走向胜利。勇敢地挑战，尽情地攀登吧！你会发现，真正的你，比自己想象中的更强大。